U0161562

创意盘饰设计精解

李天乐　周建龙　窦海燕 —— 主编

中国纺织出版社有限公司

内 容 提 要

《创意盘饰设计精解》共有九个项目的内容，包括盘饰设计基础知识、雕刻花卉类、雕刻水产类、雕刻建筑类、雕刻禽鸟类、果酱画类、瓜果意境类、糖艺类和其他类。本书详细介绍了制作盘饰的常用食材、工具、技法及制作要点等基础知识，还列举了几十种作品实例，每个实例均有文字讲解及过程图解，实用性、可操作性强。本书呈现的作品吸纳了东西方的盘饰元素，使用果蔬切雕、果酱盘绘、糖艺等技艺，使普通的水果、蔬菜变成了栩栩如生的造型，是完整的盘饰与切雕参考书，非常适合烹饪院校师生、厨师及烹饪爱好者等使用。

图书在版编目（CIP）数据

创意盘饰设计精解 / 李天乐，周建龙，窦海燕主编. -- 北京：中国纺织出版社有限公司，2022.10
ISBN 978-7-5180-9509-4

Ⅰ.①创… Ⅱ.①李… ②周… ③窦… Ⅲ.①食品雕塑—装饰—技术 Ⅳ.①TS972.114

中国版本图书馆 CIP 数据核字（2022）第 065643 号

责任编辑：毕仕林 国 帅 责任校对：高 涵
责任印制：王艳丽

中国纺织出版社有限公司出版发行
地址：北京市朝阳区百子湾东里 A407 号楼 邮政编码：100124
销售电话：010—67004422 传真：010—87155801
http://www.c-textilep.com
中国纺织出版社天猫旗舰店
官方微博 http://weibo.com/2119887771
北京通天印刷有限责任公司印刷 各地新华书店经销
2022 年 10 月第 1 版第 1 次印刷
开本：787×1092 1/16 印张：10
字数：89 千字 定价：78.00 元

编委会

主编：

李天乐（秦皇岛市职业技术学校）

周建龙（淄博市技师学院）

窦海燕（秦皇岛市职业技术学校）

副主编：

杨滨滨（东营市东营区职业中等专业学校）

黄　凯（东营市东营区职业中等专业学校）

晁　庆（山东省临沂市新天居大酒店）

赵永一（淄博市技师学院）

编委成员（按笔划排序）：

李天乐（秦皇岛市职业技术学校）

杨滨滨（东营市东营区职业中等专业学校）

罗　旭（四川省大邑县职业高级中学）

周建龙（淄博市技师学院）

赵永一（淄博市技师学院）

晁　庆（山东省临沂市新天居大酒店）

黄　凯（东营市东营区职业中等专业学校）

蒙绪雄（海南省海口市中餐烹饪大师）

窦海燕（秦皇岛市职业技术学校）

前言

　　创意盘饰是指盘饰创造或盘饰革新，是烹饪工作者新构想、新观念的产生和运用。随着我国经济的飞速发展，人们生活水平不断提高，食材种类日渐增多，就餐形式有了改变，新材料和新设备的广泛运用，让创新盘饰的范畴变得日益广泛。盘饰创新适应了社会发展的需要，丰富了烹饪内容，满足了人们生理上和心理上的消费需求，激励着烹饪工作者不断提高自身的综合素质和专业技能。

　　本书总体设计思路是：以实用为导向，以服务餐饮行业为宗旨，以相对应的岗位职业能力为依据，参照中式烹调师、西式烹调师、中西面点师职业资格相关知识技能的要求，倡导在做中学、学中做，提高学习者自主学习的能力，启发学习者的思路，做到举一反三，具有创新能力，适应本行业动态发展的需要。

　　本书以项目任务为中心，以目前流行的具有代表性的创新盘饰为载体，分盘饰设计基础知识、雕刻花卉类、雕刻水产类、雕刻建筑类、雕刻禽鸟类、果酱画类、瓜果意境类、糖艺类、其他类九个项目共50个任务进行阐述。

　　本书具有以下特点：

　　第一，实用性。本书以市场为导向，以适用为基础，牢牢把握基础性、可操作性和实用性，图书内容注重与当前烹饪行业接轨，介绍和剖析当代流行作品，充分体现图书的实用性和创新性。

　　第二，先进性。本书介绍盘饰制作中的新材料、新工艺、新技术、新理念等内容，适当介绍盘饰技能新成果和先进经验。

第三,直观性。本书图文并茂、通俗易懂,学习者通过操作步骤的图片及文字说明,可以直观、迅速地掌握盘饰制作的重点。

本书由大美食艺名师工作室李天乐、周建龙、窦海燕、杨滨滨、黄凯、晁庆、赵永一、罗旭、蒙绪雄编写,得到了众多同仁的支持与帮助,并提出了许多宝贵意见,在此表示衷心的感谢。由于编者水平有限,书中尚有疏漏和不足之处,敬请广大读者提出宝贵建议,便于再版时进一步完善。

欢迎烹饪和面点专业教师、从业人员共建共享资源、交流传承技艺,主编微信:dameishiyi。

编　者

2022年2月1日

目录

项目一

盘饰设计基础知识

一、食品雕刻知识

（一）认识雕刻工具

雕刻食品的工具样式很多，不同地区的餐饮工作人员雕刻习惯不同，在工具的使用和设计上也不同。要根据不同的原料选择合适的工具。这里我们就介绍一下常见的刀具，大致可以分为六大类：平口刀、戳刀、挑环刀、模具刀、拉刻刀及特殊刀具。

1. 平口刀

平口刀在雕刻过程中的用途最为普遍，是不可缺少的工具，平口刀有大小两种型号，大号平口刀适用于雕刻有规则的物体，如刻月季花、剑兰等花卉，刀刃的长度约7.5厘米，宽1.5厘米，刀尖的角度为45度；小号平口刀多适用于雕刻整雕和结构复杂的雕刻作品，其使用灵活，作用广泛，刀刃的长度为7~7.5厘米，宽为1.2厘米，刀尖角度为30度。平口刀一般是用锋钢锯条制作而成的。

2. 戳刀

戳刀的种类较多，样式达10余种。其中比较常见的是U型刀、V型刀、凹口戳刀、单槽弧线刀等，使用时根据不同的雕刻品种来进行选择。

（1）U型刀：又称圆口戳刀，其刀刃的刃口横断面是呈弧形，刀体长15厘米，两端设刃，每一号U型刀两端刃口大小各有差异，宽的一端比窄的一端略宽2毫米。U型刀多用于花卉，如菊花、整雕的假山，雕刻制品的弧形，鸟类的翅膀等。

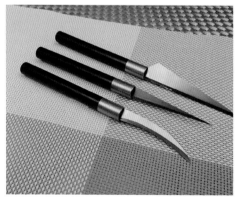

平口刀

戳刀

（2）V型刀：又称尖口戳刀，刀体长15厘米，中部略宽，刀身两端有刃，刀口规格不一，可用来刻一些较细而且棱角较明显的槽、线、角。主要用于瓜雕的花纹，线条的雕刻和鸟类的尖形羽毛，也可用于雕刻尖形花瓣的花卉。

（3）凹口戳刀：又称方口戳，刀为刃口、横断面两边呈一定夹角的角形戳刀，夹角90度，两端设刃。

（4）弯形内槽戳刀：又称单槽弧线刀，单槽弧线刀一头为刀刃口，一头有柄，刀口向上弯曲刀身长15厘米，弧度一般为150度，槽深0.3厘米，宽为0.5厘米，多用于雕刻鸟的羽毛。

3. 挑环刀

其也称钩型戳刀、划线刀、勾线刀，刀身两头有钩线刀刃，是雕刻西瓜灯、瓜盅纹线等的工具。

4. 模型刀

模型刀是根据各种动植物的形象，用不锈钢制成各种造型的模型，用它按压原料加工成型，然后切片使用，模型刀种类很多，一般有梅花、桃子、各种叶子、蝴蝶等模型。另外还有文字型模型刀具，这种刀具是用不锈钢制成的，有汉字文字、英文字母等很多字样，主要是供宴会使用，使用较多的吉祥文字，有福、禄、寿、囍、生日快乐等字样。

5. 剪刀、镊子

这两种小工具的用途很多，比如：镊子用来安装或夹取一些点缀的小型配件；

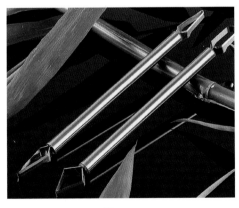

挑环刀

模型刀

剪刀用来修剪花卉和其他作品。

6.拉刻刀

拉刻刀是一种既可以拉线，又可以刻型，也可刻型和取废料同步完成的食雕刀具。其特点是：雕刻速度更快、更方便，雕刻出的作品完整无刀痕，特别适合雕刻人物、兽类等。

7.特殊雕刻工具

其主要包括剪刀、镊子、打皮刀、波纹刀、挖球刀等。

剪刀	镊子	刮皮刀

波纹刀　　　　　挖球刀

（二）食品雕刻常用运刀手法

雕刻的运刀手法，是指雕刻时持刀的姿势。正确使用食品雕刻工具，不仅可以保证雕刻者的安全，还能够大幅提高雕刻效率，减少操作失误。持刀的姿势和方法主要有以下3种。

1.横掌握刀法

横掌握刀法是用拇指以外的其他四指横握住刀柄，使刀刃向内，并用拇指抵住原料以达到支撑、稳定的目的。雕刻时收缩手掌和虎口，从而使刀具夹紧向内运动完成雕刻工作，使用这种握刀手法需将原料放在掌心中以便运刀、使力，因而比较适于雕刻小型雕品，如一些小花等。

2. 执笔式握刀法

握刀姿势如握笔，运刀时，手可上下左右灵活移动。具体操作方法是，将刀把置于虎口，刀身平放于中指第一关节处，并用食指抵住刀背、拇指轻压刀把和刀身连接处，将无名指和小指微微内拢、抵住原料，以增强运刀的平稳性，然后依靠拇指、食指和中指的收缩进行运刀、雕刻。此手法主要用来雕刻物体的细部及各种纹路。

3. 戳刀手法

其与执笔手法大致相同，不同之处在于用戳刀手法运刀时，是由外向内插刻的。此手法用于刻羽毛、鱼鳞、花瓣等。

（三）食品雕刻的常用刀法

雕刻刀法，是指雕刻食品时入刀的角度和弧度不同而形成的不同花式纹路的食品雕刻方法。常用刀法如下：

（1）旋：即用主刀对原料进行圆弧形旋转雕刻。此刀法主要用于雕刻花卉，或将物体修整成圆形。

（2）刻：即在食品基本大形确定的基础上，用主刀对食品进行细化雕刻。此刀法是最常用、最关键的雕刻刀法。

（3）戳：即用各类槽刀对原料由外向内插刻。此刀法主要用于雕刻鸟类的羽毛、鱼鳞、花瓣等。

（4）划：是指在雕刻原料上，刻划（画）出所构思的物体的大体形态和线条，具有一定深度，然后进一步雕刻。

（5）镂：即用刀具对原料由外向内刻空，将图案周围多余部分刻去。此刀法主要用于雕刻瓜灯、瓜盅及浮雕等。

（四）食品雕刻工具的使用和保养

食品雕刻工具在使用和保养方面有一些注意事项，具体如下：

（1）应根据具体用途合理选用雕刻工具。否则，不仅雕刻不出理想效果，还会造成雕刻工具损坏。

（2）使用雕刻刀具时，必须保证其刀口锋利、光滑。否则，不仅会使雕品切面粗糙，还容易溜刀伤手。

（3）磨好的雕刻工具不可以刻质地特别硬的东西，这样做很容易使刀口缺损。

（4）在雕刻过程中，雕刻工具要摆放在特定位置，不要与原料或其他杂物混放，以免在操作过程中误伤。

（5）雕刻工具使用完后，应及时清理干净，并擦干、装盒，避免生锈或损伤刀口。

二、糖艺盘饰知识

（一）认识糖艺工具

糖艺工具种类繁多，每种工具都有独特的使用方法。

名称：糖艺灯
作用：通过设备加热软化糖块的质地，使糖块更容易塑形。

名称：喷色机
作用：对作品进行上色，通过机器喷色会使色泽更加均匀。

名称：不粘防烫垫
作用：放置在糖艺灯上使用，软化糖块后防止粘连，也可将熬好的糖液倒在不粘垫上，使糖液自然凝固成块。

名称：防风火枪
作用：用于加热糖块局部位置，糖块受热软化后易融合在一起。

名称：硅胶手套
作用：在制作糖艺作品时防止糖块粘手，同时起到隔热的作用。

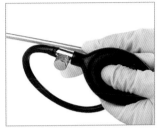

名称：气囊
作用：用于吹糖工艺，通过气囊的吹气使糖块鼓起，主要用于制作空心的糖艺作品。

名称：水油两用食用色素
作用：通过色素和糖块的融合，改变糖块色泽，增强作品色彩。

名称：塑形刀
作用：用于糖块塑形，勾勒出凸凹的纹路。

名称：酒精灯
作用：在糖块粘结时用于加热糖块。

名称：硅胶模具
作用：将软化后的糖放置在硅胶模具中，按压出各种艺术造型。

名称：温度计
作用：用于测量糖液的温度。

（二）糖艺常用手法

糖艺是中国的传统工艺，糖粉经过配比、熬制、拉糖、吹糖、塑形等造型方法加工处理，制作出具有观赏性、可食性和艺术性的精美作品。

1. 拉糖

拉糖通过造型设计可制作出巧夺天工，绚丽夺目的工艺品，具体步骤是取一块软化后的糖块，双手反方向拉成长条，两端交叠，扭绞成股，接着再拉开延展，反复拉扯后会使糖表面更加明亮，采用拉糖的技法还可以塑造出各式各样的造型。

2. 吹糖

吹糖主要用于制作空心的糖艺作品，选择一块软化后的糖块，压制成中间厚边缘微薄的圆块，将气囊出气口包住，通过气囊的不断出气使糖块不断鼓起，常用于制作苹果、香蕉、金鱼身体等造型。

3. 塑形

主要运用塑形刀对糖块表面进行推、压、挑等操作，勾勒出精美的纹路和写实的图案造型。

（三）糖艺工具的使用和保养

糖艺工具在使用和保养方面有一些注意事项，具体如下：

（1）应根据具体用途合理选用糖艺工具。否则，不仅塑造不出理想效果，还会因为没有选用合适的工具，而错过糖块塑形的最佳温度。

（2）使用塑形刀时，必须保证其刀口光滑、无碎糖渣。否则会影响糖块表面的光滑度。塑形刀在使用后应用热水进行烫泡，去除工具上的糖渣。

（3）糖艺通电设备在使用前应对灯管、线路等通电部分做好检查，避免出现漏电的现象。

（4）糖艺上色设备使用完后，应立即对色素入口和出口的管道进行喷洗，防止色素凝固造成堵塞。

三、果酱画盘饰知识

（一）认识果酱画的工具和原料

在盘上画画与在纸上画画不同，由于果酱画的主要原料是黏性较大的果膏、果酱、巧克力酱等，所以要用特殊的工具来操作，以下是常用果酱画工具和原料：

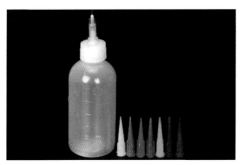

名称：果酱画瓶及画嘴
作用：主要用于盛装果膏。

名称：镜面光亮膏
作用：黏度适宜、光亮度好、细腻、透明，
　　　是制作果酱画的主要原料。

（二）果酱画常用技法

果酱画的常用技法，是指绘画时基本的技术方法。常用的果酱绘画方法主要有以下5种：点、抹、勾、涂、染。

（三）果酱画工具的使用和保养

果酱画工具在使用和保养方面有一些注意事项，具体如下：

（1）应根据具体的绘画作品合理选用果酱画的工具。

（2）使用果酱画工具时，必须保证其画嘴完整、干净、不堵塞。否则，绘画的作品不仅不美观，还容易造成果酱的浪费。

（3）果酱画工具使用完后，应及时清理干净，并擦干、装盒，避免堵塞或损伤画嘴。

项目二

雕刻花卉类

2-01 蝴蝶兰

扫码看视频

1 准备好制作"蝴蝶兰"盘饰所用的原料

2 准备好制作"蝴蝶兰"盘饰所用的工具

3 将心里美萝卜切成长方体

4 然后用切刀将两头修圆滑

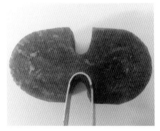

5 再用U型拉刻刀将中间部分去除，呈一个弧度

6 用平口刀顺着弧度将棱角部分修圆滑

7 修好的形状如图所示

8 用切刀切成0.1厘米厚的薄片

9 再用胡萝卜雕刻出花芯粘接在中间位置

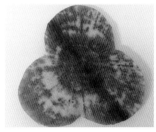

10 另取一块心里美萝卜，雕刻出第一层花瓣

11 将两层花瓣用胶水粘接在一起

12 取一块胡萝卜，用圆形模具压出一个圆形

13 压好的圆形如图所示

14 用平口刀雕刻出铜钱形状

15 另取一块青萝卜，用切刀切出一个长方块

16 再将四个角切去，并切出棱边

17 用圆形模具压出一个圆孔

18 再将雕刻好的铜钱塞入圆孔中

19 另取一块青萝卜雕刻出山石的造型　　*20* 将雕刻好的背景墙粘接在山石上　　*21* 将青萝卜皮雕刻出蝴蝶兰的叶子

22 将雕刻好的蝴蝶兰粘接在铁丝上，并在两侧粘接上叶子

2-02　四角花

1 准备好制作"四角花"盘饰所用的原料

2 准备好制作"四角花"盘饰所用的工具

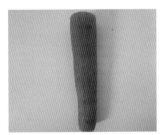

3 选用一根胡萝卜

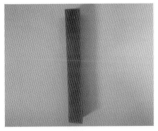

4 然后用切刀将胡萝卜切成一个长方体

5 再用V型戳刀从胡萝卜四面戳出两条凹槽

6 用平口刀从胡萝卜4个棱角处下刀，修出花瓣坯型

7 然后顺着花瓣坯型依次刻出4个花瓣

8 将刻好的四角花用平口刀从根部取下

9 取一块青萝卜做出叶子的形状

10 将雕刻好的四角花摆在盘中，先摆出第一层

11 然后摆出第二层

12 最后配上雕刻好的叶子

2-03　竹韵

1 准备好制作"竹韵"盘饰所用的原料

2 准备好制作"竹韵"盘饰所用的工具

3 首先选用一根青萝卜

4 然后用O型拉刻刀，自上至下在青萝卜上拉刻下来

5 拉刻出一个圆柱体，作为竹子的主干

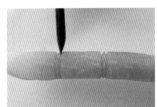

6 然后用V型戳刀戳出竹节

7 再用平口刀将竹节多余原料去除干净

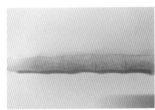

8 将所有竹节全部修整光滑

9 另取一块青萝卜，用画笔画出叶子形状

10 然后用V型戳刀戳出竹叶的纹路

11 再用平口刀将叶子取下

12 依次雕刻出3个叶子，粘接在一起

13 再另取一块青萝卜雕刻出竹子的分枝

14 将雕刻好的竹叶和分枝粘接在竹子的主干上

15 再雕刻出竹笋

16 用胡萝卜雕刻出窗格

17 再用心里美萝卜雕刻出窗框

18 用心里美萝卜雕刻出山石

19 将雕刻的窗格、窗框粘接在山石上

20 最后把雕刻好的竹子、竹笋组装在山石上

2-04 月季花

扫码看视频

1 准备好制作"月季花"盘饰所用的原料

2 准备好制作"月季花"盘饰所用的工具

3 首先选用一块胡萝卜

4 然后用平口刀将其修成碗形

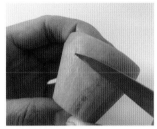

5 接着用平口刀从原料三分之二处下刀

6 修出一个花瓣的坯面

7 依次修出5个花瓣坯面，原料底部呈一个正五边形

8 接着将每一个花瓣坯面用平口刀修圆润

9 再用平口刀顺着坯面下刀，雕刻出花瓣

10 依次雕刻出5个花瓣

11 用平口刀从两个花瓣之间去除多余原料，做出第二层花瓣坯面

12 用平口刀顺着画线将第二层花瓣坯面修圆润

13 依次用平口刀雕刻出第二层花瓣

14 接着采用旋刻的方法，从第二层花瓣之间去除多余原料

15 用平口刀旋刻出花瓣坯面

16 再旋刻出花瓣形状

17 依次旋刻出第三层花瓣

18 按照此方法，依次向内旋刻，直至刻完花芯为止

19 用青萝卜雕刻出月季花的叶子

20 再用心里美萝卜雕刻出花骨朵，粘接在铁丝上

21 用青萝卜雕刻出山石

22 用心里美萝卜雕刻出窗格

23 将雕刻好的花枝、窗格粘接在山石上

24 最后粘接上月季花和叶子

2-05 荷花

扫码看视频

1 准备好制作"荷花"盘饰所用的原料

2 准备好制作"荷花"盘饰所用的工具

3 首先选用一块心里美萝卜

4 然后用铅笔画出荷花花瓣的形状

5 再用平口刀顺着画线去除多余原料

6 然后用弯刀雕刻出荷花花瓣的弧度

7 再用弯刀顺着弧度雕刻出花瓣

8 按照上面方法依次雕刻出三层花瓣

9 另取一块青萝卜,修成圆柱体

10 然后用平口刀将其修
成一个碗形

11 用U型戳刀沿着边缘
戳一圈

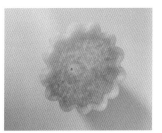

12 使边缘呈波浪状，然
后用平口刀去除内部
多余原料

13 接着用U型戳刀在莲
心上端戳出小孔

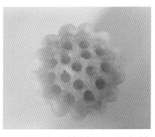

14 小孔的间距尽量保持
一致

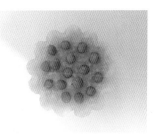

15 再填入用胡萝卜雕刻
的莲子

16 另取一块胡萝卜，用
V型戳刀戳出花蕊

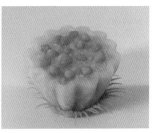

17 然后将花蕊粘接在莲
心的周围

18 将雕刻好的花瓣粘接
在莲心上，每层5瓣

19 依次粘接出后两层
花瓣

20 用青萝卜皮雕刻出
荷叶

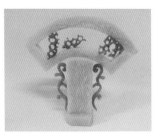

21 用青萝卜、胡萝卜雕
刻出底座

22 最后将雕刻好的荷花、荷叶组装在一起

2-06 椰树

1 准备好制作"椰树"盘饰所用的原料

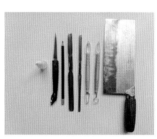

2 准备好制作"椰树"盘饰所用的工具

3 用切刀将胡萝卜切成厚片

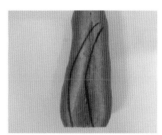

4 然后用铅笔画出椰树树干的形状

5 再用平口刀沿着画线走刀，去除多余原料

6 用平口刀将树干修整光滑

7 用V型戳刀戳出树干上的纹路

8 再用平口刀将每段树干的一端旋去

9 之后用V型拉刻刀拉出树干上的纹路

10 选用一块青萝卜用U型戳刀戳出一个弧度

11 然后用V型戳刀沿着弧度中间戳上一刀

12 用V型拉刻刀拉刻出叶子的脉络

13 再用V型戳刀细刻出叶子的纹路

14 然后用平口刀将刻好的椰树叶子取下

15 取一块心里美萝卜用掏刀掏出圆形，做出椰子形状

16 依次雕刻出9个椰子的形状

17 将雕刻好的叶子粘接在椰树顶端

18 然后依次粘接上第二层叶子

19 接着将雕刻好的椰子
粘接在叶子下面

20 最后把雕刻好的椰树粘接在山石上

2-07 直瓣菊

1 准备好制作"直瓣菊"盘饰所用的原料

2 准备好制作"直瓣菊"盘饰所用的工具

3 将心里美萝卜切成长方体

4 然后用切刀将心里美萝卜修成圆柱体

5 再用V型戳刀，从心里美萝卜三分之一处戳出一个凹槽

6 然后用主刀将上半部分修成一个圆球状

7 再用V型戳刀，戳出交叉十字刀纹，作为直瓣菊的花芯

8 用U型拉刻刀在胡萝卜上拉刻出一个凹槽

9 接着用U型拉刻刀拉刻出直瓣菊的花瓣

10 依次拉出长短不同的花瓣

11 然后用胶水将雕刻好的花瓣粘接在花芯上，首先粘接出第一层

12 接着再粘接出第二层和第三层

13 再依次粘接出第四层到第六层

14 将青萝卜切成长条状

15 将切好的青萝卜条，错综地粘接在一起

16 粘接出一个石墙的造型

17 用青萝卜皮雕刻出小草的造型

18 最好将雕刻好的直瓣菊、山石、小草组装在一起

2-08　牡丹花

扫码看视频

1 准备好制作"牡丹花"盘饰所用的原料

2 准备好制作"牡丹花"盘饰所用的工具

3 将心里美萝卜切成一个长方体

4 再用弯刀刻去多余原料，呈一个有弧度的花瓣坯面

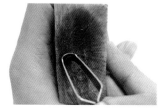

5 再用U型拉刻刀拉刻出花瓣内的轮廓

6 用铅笔画出花瓣的形状

7 用平口刀顺着铅笔的画线刻出花瓣形状，然后用弯刀将花瓣取下

8 再取一块胡萝卜，用U型戳刀从底部戳上一周

9 用平口刀将上半部分修成球形

10 用V型戳刀，戳出花芯上的纹路

11 另取一块胡萝卜，戳出5瓣花芯

12 将刻好的花芯粘在底托上

13 接着将刻好的花瓣粘接在花芯上，共5瓣

14 第二层交错粘接在第一层两瓣之间

15 按照同样的方法粘接出第三层、第四层

16 取一块青萝卜，雕刻出窗框

17 用胡萝卜雕刻出窗格

18 将雕刻好的牡丹花和配件组装在一起

2-09　梅花

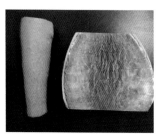

1 准备好制作"梅花"盘饰所用的原料

2 准备好制作"梅花"盘饰所用的工具

3 将心里美萝卜用O型拉刻刀掏刻出一块原料，做出梅花花瓣的形状

4 接着再用O型拉刻刀顺着轮廓掏刻出花瓣

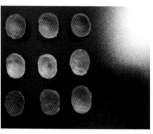

5 采用同样的方法掏刻出多个梅花花瓣

6 另取一块胡萝卜雕刻成圆柱体

7 用V型戳刀，从胡萝卜1/3处戳上一周

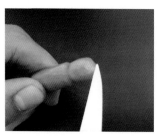

8 再用平口刀将上半部分修整圆滑

9 接着再戳出花蕊

10 将雕刻好的花瓣粘接在花托上

11 再粘上第二层花瓣

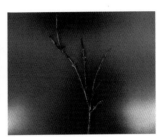

12 取一根树枝作为梅花的树枝

13 将雕刻好的梅花粘接在树枝上

14 将其他梅花分别粘接在树枝的各个部位上，组装在底座上

2-10　马蹄莲

扫码看视频

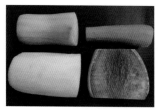

1　准备好制作"马蹄莲"盘饰所用的原料

2　准备好制作"马蹄莲"盘饰所用的工具

3　将白萝卜用平口刀修成一个圆柱体

4　再用平口刀将白萝卜底部旋去多余原料，近似锥形

5　用平口刀从白萝卜顶端削出一个坡面

6　再用平口刀将坡面两边棱角部分旋去

7　用U型戳刀，戳出花瓣边缘的弧度

8　再用平口刀去除弧度下面多余的原料

9　用平口刀雕刻出花瓣的边缘

10　用U型戳刀，去掉花芯内部的多余原料

11　将雕刻好的花瓣修整光滑

12　取一块胡萝卜，用平口刀雕刻出花蕊

13 将雕刻好的花蕊粘接在花芯位置

14 雕刻出另一种造型的马蹄莲

15 另取一块青萝卜，雕刻出叶子

16 再用胡萝卜雕刻出飘带的造型

17 用心里美萝卜雕刻出篱笆的造型

18 最后将雕刻好的马蹄莲、叶子、飘带粘接在篱笆上

项目三

雕刻水产类

3-01　神仙鱼

扫码看视频

1　准备好制作"神仙鱼"
　　盘饰所用的原料

2　准备好制作"神仙鱼"
　　盘饰所用的工具

3　将心里美萝卜切成厚片

4　然后用铅笔画出神仙鱼
　　身体的轮廓

5　然后用平口刀顺着画线
　　去除多余原料，刻出神
　　仙鱼大形

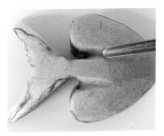

6　用U型戳刀戳出神仙鱼
　　尾部的轮廓

7　用平口刀将神仙鱼大形
　　的边缘修整光滑

8　用平口刀雕刻出神仙鱼
　　尾部大形

9　再用平口刀顺着画线刻
　　出神仙鱼嘴部大形

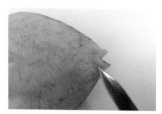

10　用V型戳刀戳出神仙鱼的嘴唇

11　再用V型戳刀戳出鳃部轮廓

12　用平口刀细刻出鱼鳃

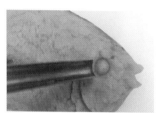

13　用U型戳刀戳出神仙鱼的眼球

14　用平口刀依次雕刻出鱼鳞

15　直至雕刻到神仙鱼的尾部位置

16　用V型戳刀戳出尾鳍的纹路

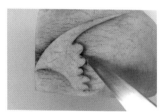

17　另取一块原料，雕刻出神仙鱼背鳍的大形

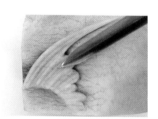

18　再用V型戳刀戳出背鳍的纹路

19　依次雕刻出背鳍、臀鳍、胸鳍、腹鳍

20　将雕刻好的鱼鳍粘接在神仙鱼身体上

21　取一块青萝卜雕刻出小草的造型

22 取一块心里美萝卜雕
刻出珊瑚的造型

23 用白萝卜雕刻出书本
的造型，与小草、珊
瑚、山石组装在一起

24 将雕刻好的神仙鱼粘接在书本上

3-02　虾趣

扫码看视频

1 准备好制作"虾趣"盘饰所用的原料

2 准备好制作"虾趣"盘饰所用的工具

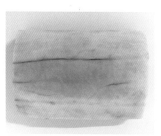

3 取一块南瓜切成厚片

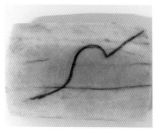

4 然后用铅笔画出虾身体的轮廓

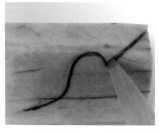

5 然后用平口刀顺着画线去除多余原料

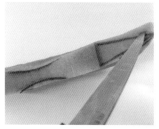

6 用铅笔画出虾背部的轮廓，用平口刀顺着画线去除多余原料

7 用平口刀将虾大形的边缘修整光滑

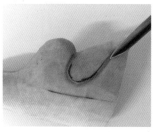

8 用V型戳刀顺着画线戳出虾的头壳

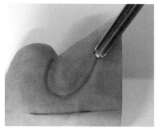

9 再用U型戳刀顺着头壳边缘戳上一刀

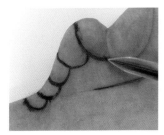

10 用铅笔画出虾节，然后用V型戳刀顺着画线戳出虾节

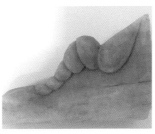

11 用平口刀将虾节修整光滑，并去除下侧多余原料

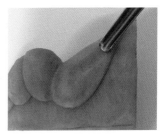

12 用U型戳刀在头壳上戳上一刀，加深轮廓

13 用平口刀雕刻出虾枪

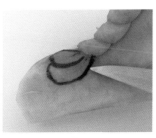

14 再用平口刀顺着画线雕刻出虾尾

15 用平口刀雕刻出头壳前端的虾枪

16 另取一块南瓜，用平口刀顺着画线雕刻出虾的步足

17 用V型戳刀戳出虾须

18 将雕刻好的虾须、步足用胶水粘接在虾的身体上

19 雕刻出虾的眼睛，粘接在头壳上

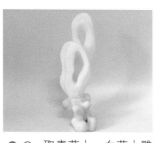

20 取青萝卜、白萝卜雕刻出山石造型

21 取青萝卜雕刻出水草的造型

22 将雕刻好的虾组装在山石上

3-03　海豚

1 准备好制作"海豚"盘饰所用的原料

2 准备好制作"海豚"盘饰所用的工具

3 将胡萝卜斜切一刀，用胶水反粘在一起

4 然后用U型戳刀从胡萝卜中间戳一刀，刻出弧度

5 再用平口刀将弧度修整光滑

6 用平口刀从胡萝卜前端切出一个三角形

7 用铅笔画出海豚的大体形状

8 用平口刀顺着画线去除多余原料

9 再用平口刀顺着海豚背部的画线去除多余原料，将尾部修细

10　用平口刀将海豚身体修整光滑

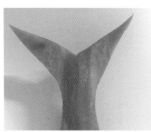

11　再用平口刀雕刻出海豚尾部

12　用U型戳刀戳出嘴部轮廓

13　用平口刀雕刻出嘴角

14　用U型戳刀戳出眼球

15　另取一块原料，用铅笔画出背鳍大形

16　雕刻出背鳍，粘接在海豚背部

17　再雕刻出海豚腹鳍

18　海豚整体雕刻完成后，用砂纸打磨光滑

19 用青萝卜雕刻出浪花的造型

20 将雕刻好的海豚粘接在浪花上

3-04　螃蟹

1 准备好制作"螃蟹"盘饰所用的原料

2 准备好制作"螃蟹"盘饰所用的工具

3 将南瓜切成一个长方块

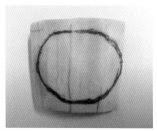

4 用铅笔画出螃蟹身体的大形

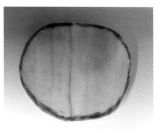

5 然后用平口刀顺着画线去除多余原料

6 再用平口刀修整光滑

7 用U型戳刀沿着原料边缘戳上一周

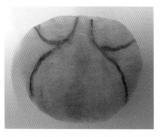

8 用铅笔画出螃蟹的胸甲和腹部的轮廓

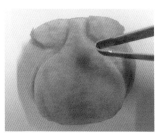

9 再用V型拉刻刀顺着画线雕刻出胸甲和腹部的轮廓

10 用V型拉刻刀细刻出胸甲和腹部的纹路

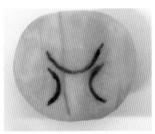

11 用铅笔画出螃蟹背甲的轮廓

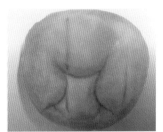

12 再用V型拉刻刀顺着画线雕刻出背甲的纹路

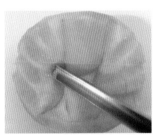

13 用U型戳刀沿着螃蟹背甲两侧戳出纹路

14 再用平口刀雕刻出背甲上的侧齿

15 另取一块原料，用铅笔画出螃蟹的步足大形

16 用平口刀细刻出螃蟹步足

17 再用铅笔画出螃蟹螯足的大形

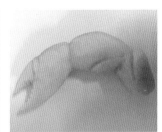

18 用平口刀细刻出螃蟹的螯足

19 用U型戳刀戳出螃蟹足部的位置

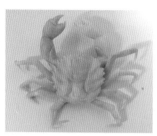

20 将雕刻好的螯足和步足粘接在戳好的圆孔中

21 另取原料雕刻出螃蟹的眼睛，粘接在眼窝处

22 将雕刻好的螃蟹放在盘边，点缀上水草

3-05　鲤鱼

扫码看视频

1 准备好制作"鲤鱼"盘饰所用的原料

2 准备好制作"鲤鱼"盘饰所用的工具

3 首先选用一块南瓜

4 用铅笔画出鲤鱼身体的大形

5 然后用平口刀顺着画线去除多余原料

6 再用平口刀修整光滑

7 用V型戳刀戳出鱼鳃轮廓，并用平口刀修整光滑

8 接着用平口刀开出嘴部形状

9 再用V型戳刀戳出嘴唇

10 接着用平口刀去除嘴部多余原料

11 用U型戳刀戳出眼球，并用主刀修整圆润

12 用平口刀雕刻出鱼鳞

13 鱼鳞依次雕刻至尾部

14 再用V型戳刀戳出尾鳍纹路

15 另取一块原料，雕刻出鲤鱼的背鳍，粘接在背部

16 再雕刻出鲤鱼的胸鳍、臀鳍，分别粘接在身体的相应位置上

17 雕刻出鲤鱼的胡须，粘接在嘴角两侧，安装上仿真眼

18 鲤鱼整体雕刻完成

19 另选用青萝卜雕刻出
底座、荷叶、小草

20 将雕刻好的鲤鱼粘接在底座上

3-06 海螺

1 准备好制作"海螺"盘饰所用的原料

2 准备好制作"海螺"盘饰所用的工具

3 首先选用一块南瓜

4 用铅笔画出海螺身体的大形

5 然后用平口刀顺着画线去除多余原料，并修整光滑

6 用U型戳刀戳出海螺壳的纹路

7 再用V型戳刀加深纹路的深度

8 接着用平口刀将棱角修圆滑

9 然后用砂纸打磨光滑

10 用铅笔画出海螺开口部位的形状

11 用平口刀顺着画线开出海螺壳口

12 用平口刀将海螺壳口上侧边缘刻出翻边的造型

13 再雕刻海螺壳口下侧的边缘

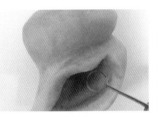

14 用 O 型拉刻刀掏出海螺壳内多余的原料

15 然后将海螺壳口修整光滑

16 用 O 型拉刻刀雕刻出海螺壳表面的凸起形状

17 然后用平口刀将凸起部位稍加修整

18 将雕刻好的海螺配上海星摆在盘边

3-07　金鱼

1 准备好制作"金鱼"盘饰所用的原料

2 准备好制作"金鱼"盘饰所用的工具

3 首先选用一块南瓜

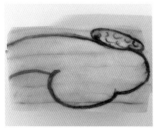

4 用铅笔画出金鱼身体的大形

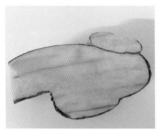

5 然后用平口刀顺着画线去除多余原料

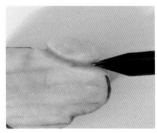

6 再用V型戳刀戳出头顶肉瘤的轮廓

7 用平口刀将嘴部两端各去一刀

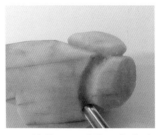

8 接着用U型戳刀定出头部轮廓

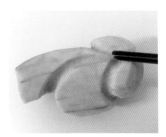

9 再定出身体的轮廓

10 然后用平口刀修整光滑

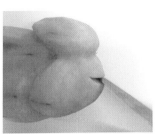

11 用平口刀开出金鱼的嘴口

12 用平口刀将嘴唇边缘修整光滑，再用 V 型戳刀戳出嘴角

13 用 V 型戳刀戳出鱼鳃

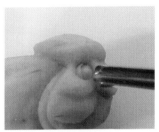

14 用 U 型戳刀戳出眼球，再戳出脸颊轮廓

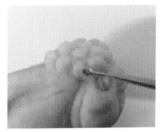

15 用 O 型拉刻刀雕刻出金鱼头顶的肉瘤

16 用平口刀雕刻出鱼鳞，后一层鱼鳞交错在前一层的两片之间

17 按照同样的方法，将鱼鳞依次雕刻至鱼尾

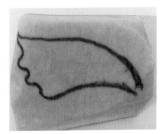

18 另取一块南瓜，用铅笔画出尾鳍的大形

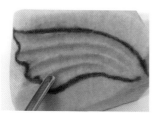

19 然后用U型戳刀戳出尾鳍的轮廓

20 再用V型戳刀戳出尾鳍的纹路

21 按照同样的方法雕刻出其他尾鳍

22 将雕刻好的尾鳍粘接在金鱼尾部

23 再雕刻出背鳍、胸鳍、腹鳍，粘接在金鱼的相应位置上

24 另取原料雕刻出玉佩的造型

25 将雕刻好的玉佩，放在白萝卜做的底座上，点缀上荷叶

26 最后将雕刻好的金鱼粘接在玉佩上，摆在盘边

3-08　贝壳

1 准备好制作"贝壳"盘
饰所用的原料

2 准备好制作"贝壳"盘
饰所用的工具

3 首先选用一块南瓜

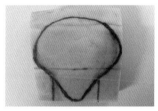

4 用铅笔画出贝壳身体的
大形

5 然后用平口刀顺着画线
去除多余原料

6 再用U型戳刀戳出扇贝
壳的轮廓

7 用平口刀将扇贝壳表面
修整光滑

8 用U型戳刀戳出扇贝壳
的纹路

9 从中间依次向两边戳出
纹路

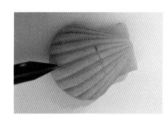

10 接着用V型戳刀加深
扇贝壳的纹路

11 在扇贝的另一面，采
用同样的方法雕刻出
扇贝壳形状

12 用平口刀顺着扇贝壳
中间运刀，将其分开

13 再用U型戳刀，戳出
扇贝里侧的纹路

14 另取一块青萝卜，雕
刻出扇贝肉的造型，
放在扇贝壳里面

15 将心里美萝卜切成碎
末，铺在盘子上作为
"沙子"

16 将雕刻好的扇贝摆放在"沙子"上

雕刻建筑类

4-01 小桥

1 准备好制作"小桥"盘饰所用的原料

2 准备好制作"小桥"盘饰所用的工具

3 取一块南瓜，切成厚片

4 用切刀从中间切开，取一半备用

5 然后用切刀从南瓜两侧各切一刀，修出小桥的大形

6 用水溶性铅笔画出小桥的桥身和桥洞位置

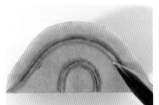

7 用V型戳刀顺着画线戳出线条

8 再用主刀去掉线条两侧的余料，凸显出层次

9 用U型戳刀戳出桥洞

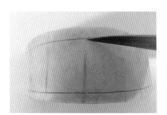

10 用平口刀从桥面两侧各竖切一刀，深度为1厘米

11 再用平口刀去除桥面多余原料

12 用平口刀雕刻出桥面的台阶

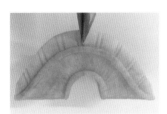

13 用 V 型戳刀戳出小桥栏杆的轮廓

14 用平口刀去除栏杆两侧的余料

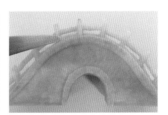

15 接着用平口刀雕刻出栏杆的镂空部分，凸显出小桥栏杆

16 将雕刻好的小桥摆在盘边，点缀上用南瓜皮雕刻的小荷叶

4-02　凉亭

1　准备好制作"凉亭"盘饰所用的原料

2　准备好制作"凉亭"盘饰所用的工具

3　取一段南瓜作为凉亭的雕刻原料

4　然后用铅笔在南瓜顶面画出一个正方形

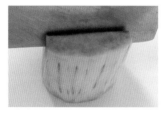

5　用切刀顺着画线斜切去多余原料

6　呈现出一个底面小，顶面大的料形

7　用铅笔从南瓜三分之二处画一条直线，在其余三个面同样位置画出直线

8　用平口刀沿着画线斜切一刀，修出一个斜面

9　其余三个面也同样用主刀切出斜面，做出凉亭大形

10　用铅笔再画出一条直线，距离第一条直线1厘米，其余三个面用同样方法画出直线

11　用平口刀沿着下面线条直切下去，深度为1厘米，其余三面用同样方法各切一刀

12　再用平口刀从底部下刀，平刀片去余料，凸显出凉亭的顶部

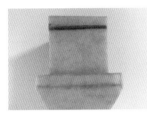

13 用铅笔在距离底部1厘米处画一条直线，其余三面依次画出直线

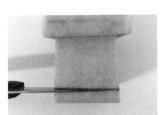

14 用平口刀依次在凉亭底部直线下刀，深度为0.5厘米

15 再用平口刀依次平刀片去余料，凸显出凉亭的底面

16 用平口刀从凉亭的4个角走弧度刀，做出亭角

17 再用平口刀从凉亭的4个顶面走弧度刀，修出弧面

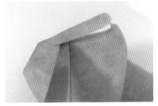

18 用平口刀从凉亭的4个亭角处，自下至上运刀，去除余料，凸显出亭角

19 其余3个亭角也采用同样方法刻出

20 用小号U型戳刀沿着凉亭顶面的棱角两侧各戳一刀

21 再用平口刀去除凉亭顶面的多余原料

22 4个面依次采用同样方法去除余料

23 用U型戳刀戳出凉亭屋面

24 用平口刀去除亭角下侧多余原料

25　用铅笔画出亭柱的位置

26　再用平口刀去除亭柱以外的多余原料，凸显出亭柱

27　另取一块原料，雕刻出凉亭的顶部，粘接在亭顶上

28　将雕刻好的凉亭摆在盘边，点缀上叶子

4-03 宝塔

扫码看视频

1 准备好制作"宝塔"盘饰所用的原料

2 准备好制作"宝塔"盘饰所用的工具

3 首先选用一根胡萝卜

4 然后用铅笔从胡萝卜底部画出一个正六边形

5 接着再用切刀沿着画线切去余料

6 依次切去其他边余料

7 用铅笔在胡萝卜的6个面上画出线条，注意一层宽一层窄

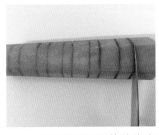

8 然后用切刀顺着笔线直切下去，深度为0.5厘米

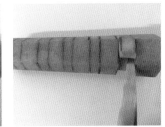

9 再用平口刀去除较窄的那层多余原料

10 依次从底端向上全部去除

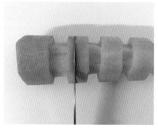

11 用切刀从较宽的面三分之一处，直刀切下0.2厘米深，其他5面也依次切下

12 再用平口刀平刀片去余料

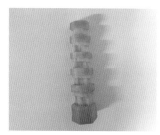

13 依次将其他较宽的面去除三分之一原料

14 然后用铅笔画出塔檐的弧度，用平口刀顺着画线走弧度刀

15 依次将其他塔檐用平口刀刻出

16 再用平口刀细刻出塔檐的檐角

17 另取一块原料画出葫芦形状

18 用平口刀顺着画线雕刻出葫芦形状，粘接在塔尖上

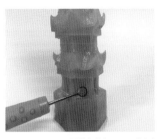

19 用O型拉刻刀，雕刻
出门洞

20 另选用一块胡萝卜雕刻出山石，将宝
塔粘接在山石上，摆在盘边

4-04 墙檐

1 准备好制作"墙檐"盘饰所用的原料

2 准备好制作"墙檐"盘饰所用的工具

3 取一块南瓜切成厚片

4 用切刀切出两个长方体，粘接成墙檐的大形

5 用铅笔在墙檐顶端画出两条直线，接着用O型拉刻刀从笔线两侧拉刻出两个凹槽

6 再用平口刀去除墙檐顶端两侧的余料，修平整

7 并将墙檐修出一定的弧度

8 另取一块原料，粘接在墙檐一端并修出弧度

9 用平口刀从墙檐下端去除余料

10 用U型戳刀戳出瓦砖轮廓

11 再用小号O型拉刻刀加大轮廓深度

12 用平口刀将瓦砖轮廓修整光滑

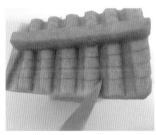

13 用平口刀细刻出瓦砖

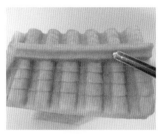

14 用U型戳刀在墙檐顶端两侧各戳一刀

15 用U型戳刀戳出檐橡，并用平口刀去除多余原料

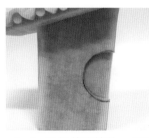

16 用铅笔在墙体一侧画出半圆，用平口刀去掉一层余料

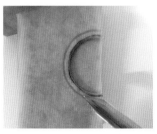

17 用V型戳刀沿着笔线再戳出一个线条

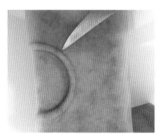

18 用平口刀去除半圆以外的余料，凸显出层次

  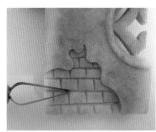

19 雕刻出墙体上的月洞　　*20* 用平口刀雕刻出墙皮　　*21* 用V型拉刻刀雕刻出
墙体上的墙砖

22 将雕刻好的墙檐摆在盘边，点缀上石头和小草

4-05　木屋

1 准备好制作"木屋"盘饰所用的原料

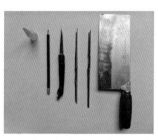

2 准备好制作"木屋"盘饰所用的工具

3 取一根青萝卜，削去表皮

4 用切刀切成一个长方体

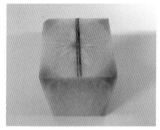

5 然后用铅笔在青萝卜顶端画出两条直线

6 再用铅笔在青萝卜的正面画出两条斜线

7 用切刀顺着线条切去两面，做出木屋的大形

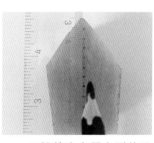

8 用铅笔在木屋大形的正面画出等距离的点

9 再用直尺沿着点画出等距离的直线

10　用V型戳刀沿着画线戳出线条

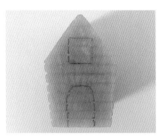

11　用铅笔画出木屋窗户和门的位置

12　用平口刀沿着画线直切下去

13　再用平口刀平刀片去余料，凸显出窗框和门框

14　另选用一块胡萝卜雕刻出窗户和门，粘接在窗框和门框位置上

15　再雕刻出侧面的窗户

16　另取一块心里美萝卜，修成长方体，然后切成长方形的片

17　将切好的长方片平铺在屋顶上

18　再取一块青萝卜雕刻出地基和台阶

19 雕刻出雪人的造型

20 将雕刻好的木屋和雪人摆在盘边

项目五

雕刻禽鸟类

5-01 小鸟

1 准备好制作"小鸟"盘饰所用的原料

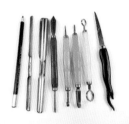

2 准备好制作"小鸟"盘饰所用的工具

3 选用一块胡萝卜，用切刀将前端两侧各切一刀

4 用主刀刻出小鸟额头和嘴部位置

5 用U型戳刀戳出头部轮廓

6 取一块红菜头，粘接在嘴部

7 用主刀雕刻出嘴部

8 将雕刻好的头部粘接在另一块胡萝卜上

9 用O型拉刻刀定出翅膀轮廓

10 用小号U型戳刀戳出小鸟的眼球

11 用主刀雕刻出小鸟翅膀的初羽

12 再雕刻出小飞羽

13 用红菜头和心里美萝卜雕刻出二级飞羽

14 用心里美萝卜雕刻出大飞羽

15 用拉线刀雕刻出尾部绒毛

16 取青萝卜雕刻出小鸟尾羽

17 用红菜头雕刻出鸟爪

18 将尾羽和鸟爪粘接在小鸟的相应位置上

19 用南瓜雕刻出菊花，用青萝卜雕刻出叶子

20 用白萝卜雕刻出山石底座

21 用青萝卜雕刻出花枝

22 最后将雕刻好的小鸟和山石、菊花、枝叶组装在一起

5-02　天鹅

1 准备好制作"天鹅"盘
饰所用的原料

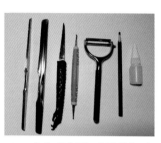

2 准备好制作"天鹅"盘
饰所用的工具

3 选用一根青萝卜,将其
两侧各切一刀

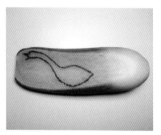

4 在青萝卜上用铅笔画上
天鹅的大形

5 然后用平口刀顺着画线
去除边角料

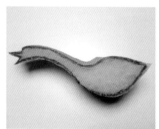

6 雕刻出天鹅的大形

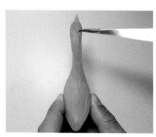

7 用平口刀将边缘修整
光滑

8 取一块青萝卜,粘接在
天鹅大形头部

9 用铅笔画出天鹅的嘴部
和额头

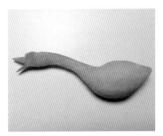

10 用平口刀顺着画线去除多余边角料

11 再用平口刀细刻出嘴部和额头

12 将仿真眼安装在天鹅眼睛处

13 取一片切下的青萝卜,用铅笔画出翅膀的大形

14 再用平口刀顺着画线去除边角料

15 用平口刀雕刻出翅膀上的小覆羽

16 用U型戳刀戳出第一层飞羽

17 用U型戳刀戳出第二层飞羽

18 将雕刻好的翅膀从原料上取下,翅膀雕刻完成

19 用青萝卜和白萝卜雕刻出山石的造型

20 用胡萝卜雕刻出浪花的造型

21 将雕刻好的浪花粘接在山石上

22 将雕刻好的翅膀粘接在天鹅身体上，与底座组装在一起

5-03 鸳鸯

1 准备好制作"鸳鸯"盘饰所用的原料

2 准备好制作"鸳鸯"盘饰所用的工具

3 选用一根胡萝卜,削去表皮

4 用切刀从胡萝卜三分之一处切开,反粘在一起

5 然后在胡萝卜上端,用平口刀去除两侧的多余原料

6 用铅笔画出鸳鸯的大体形状

7 用平口刀顺着画线去除笔线外的多余原料

8 做出鸳鸯的大形

9 再平口刀顺着画线修出鸳鸯头翎的大形

10 用U型戳刀戳出鸳鸯嘴部的轮廓

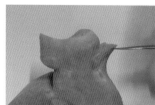

11 再用平口刀雕刻出鸳鸯的鼻孔和嘴角

12 用铅笔画出鸳鸯的头翎，用平口刀顺着画线下刀

13 去除多余原料，雕刻出头翎

14 再用V型戳刀戳出鸳鸯头翎的纹路

15 用平口刀雕刻出鸳鸯的眼皮

16 用U型戳刀戳出眼球，用V型拉刻刀雕刻出鸳鸯脸部轮廓

17 再用平口刀将鸳鸯脸部轮廓修整光滑

18 用V型拉刻刀雕刻出鸳鸯翅膀的轮廓

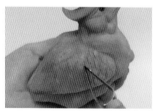

19 用V型拉刻刀雕刻出翅膀的初羽

20 再依次雕刻出小覆羽、大覆羽、相思羽

21 用平口刀雕刻出鸳鸯背部羽毛和尾羽

22 用平口刀雕刻出鸳鸯
腹部羽毛

23 用白萝卜雕刻颈部羽
毛，粘接在鸳鸯颈部

24 将雕刻好的鸳鸯摆在盘边，点缀上荷花荷叶

5-04　仙鹤

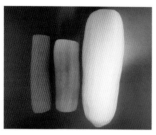

1 准备好制作"仙鹤"盘饰所用的原料

2 准备好制作"仙鹤"盘饰所用的工具

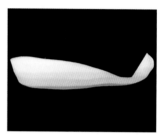

3 将白萝卜两侧各切一刀

4 切成一端薄另一端厚的形状

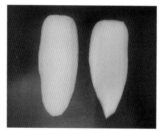

5 切下的两片原料，作为雕刻仙鹤翅膀之用

6 取一块胡萝卜，切成一个三角形

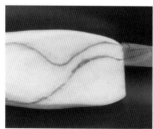

7 将切好的胡萝卜用胶水粘接在白萝卜上，并用铅笔画出仙鹤的大形

8 然后用平口刀顺着画线去掉多余的原料

9 再用平口刀将仙鹤的颈部修薄

10 再用平口刀将仙鹤大形的边缘修光滑

11 仙鹤大形四周的棱角全部用平口刀修光滑

12 再用砂纸打磨光滑

13 细刻出嘴部，包括嘴角、鼻孔

14 用V型拉刻刀雕刻出仙鹤的眼眉

15 用U型戳刀雕刻出仙鹤的眼睛

16 然后装上仿真眼

17 用U型戳刀将仙鹤尾部戳一条弧线，定出尾部大形

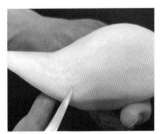

18 接着用平口刀将仙鹤尾部修光滑

19 用平口刀雕刻出仙鹤尾部羽毛

20 另取一块白萝卜粘接在仙鹤的腿部，并用铅笔画出腿部大形

21 然后用平口刀顺着画线去掉多余原料，并修整光滑

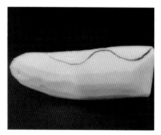

22 取一片白萝卜，画出仙鹤翅膀大形

23 用平口刀顺着画线去掉多余原料

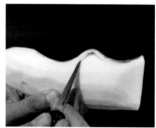

24 再将边缘修整光滑

25 用V型拉刻刀雕刻出翅膀的覆羽

26 再用平口刀雕刻出翅膀的二级飞羽

27 用平口刀去掉二级飞羽下面的原料，再用平口刀雕刻出一层飞羽

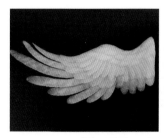

28 用U型戳刀戳出一级飞羽，翅膀雕刻完成

29 将雕刻好的两个翅膀粘接在仙鹤的身体上

30 另取一块胡萝卜雕刻仙鹤的腿爪

31 用平口刀将胡萝卜一端修光滑

32 再用平口刀分出爪趾

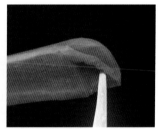

33 再细刻出爪趾

34 爪趾雕刻完成

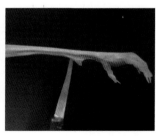

35 再细刻出腿部

36 将雕刻好的腿爪粘接在仙鹤的大腿位置上

37 取一块青萝卜，雕刻出仙鹤翅膀下的羽毛

38 然后粘接在仙鹤的两个翅膀下面

39 用青萝卜雕刻出山峰

40 用白萝卜和胡萝卜雕刻出祥云

41 将祥云和山峰组装在一起

42 将雕刻好的仙鹤粘接在山峰上

果酱画类

寿桃

6-01 喇叭花

扫码看视频

1 准备好制作"喇叭花"盘饰所用的果酱

2 用红色果酱画出一条波浪线条

3 用手指抹出喇叭花的花瓣形状

4 再用红色果酱画出一条弧线

5 用手指从弧线中间部位向下抹

6 然后用黄色果酱画出花芯

7 用黑色果酱画出花蕊

8 再画出喇叭花的花萼

9 画出喇叭花的藤蔓

10 画出花苞

11 画出喇叭花的叶子

12 再画出一根竹竿

13 用同样方法再画出两
朵喇叭花

14 写上"花香"，盘饰喇叭花绘画完成

6-02　寿桃

1 准备好制作"寿桃"盘饰所用的原料

2 用红色果酱画出一条曲线

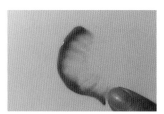

3 然后用手指抹出寿桃的桃身

4 接着用红色果酱从寿桃中间画出一条曲线

5 再用红色果酱画出寿桃的另一半形状

6 采用同样的方法画出另一个寿桃

7 用绿色果酱挤出一个圆点

8 接着用手指抹出桃叶的大形

9 用黑色果酱画出桃叶的粗脉

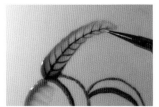

10 接着再画出细脉

11 采用同样的方法抹出另一片桃叶大形

12 画出其他桃叶

13 用黑色果酱画出桃枝

14 用红色果酱写上寿桃两字

6-03 鹿鸣

1 准备好制作"鹿鸣"盘饰所用的果酱

2 用黄色果酱画出梅花鹿头部轮廓

3 再画出梅花鹿耳部轮廓

4 然后用黑色果酱细画出梅花鹿耳朵

5 再用同样的方法画出梅花鹿的另一只耳朵

6 接着用黑色果酱加深头部轮廓

7 用黑色果酱画出梅花鹿的鼻孔

8 再画出梅花鹿的脸部

9 用黑色果酱画出梅花鹿的眼睛

10 用黄色果酱画出梅花鹿的颈部大形

11 接着用手指抹出梅花鹿的颈部

12 用黑色果酱画出梅花鹿腹部

13 用褐色果酱画出鹿角

14 用蓝色果酱在鹿角上点上圆点

15 用画笔将圆点抹开，做成花瓣形状

16 在花的中间点缀上绿色果酱

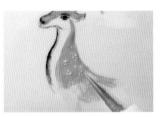

17 用白色果酱在梅花鹿颈部画出梅花造型

18 最后用黑色果酱写上"鹿鸣"两字，用红色果酱画出印章

6-04　虾趣

扫码看视频

1 准备好制作"虾趣"盘饰所用的原料

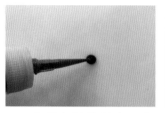

2 用黑色果酱画出一个圆点

3 用手指轻轻按在圆点上抹出虾头的大形

4 用黑色果酱画出河虾的虾枪

5 再用黑色果酱在虾枪两侧画出两条实线

6 然后画出河虾背部曲线

7 用手指在背部曲线上，从上至下抹出虾节

8 再用黑色果酱画出虾尾

9 画出河虾的两个触角

10 画出河虾的虾须

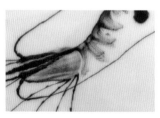

11 画出河虾的胸足

12 再画出河虾的腹足

13 画出河虾的两个螯足

14 画出河虾的眼睛

15 河虾画制完成

16 运用同样的方法画出另一只河虾

17 用绿色果酱画出水草，用黑色果酱画出山石

18 最后用红色果酱写上"虾趣"两字

6-05　探春

1　准备好制作"探春"盘
饰所用的原料

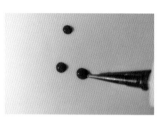

2　用红色果酱画出3个圆点

3　用手指轻轻按在圆点上
抹出小鸟的大形

4　用黄色果酱和黑色果酱
画出两个圆点，做出小
鸟的眼睛

5　再用黑色果酱画出小鸟
的嘴部

6　然后画出小鸟的颈部

7　画出小鸟的腿部和鸟爪

8　再用黑色果酱画出小鸟
的羽毛

9　用红色果酱画出小鸟的
尾巴

10　用绿色果酱画出一根
粗线

11　用雕刻主刀抹出竹节

12　再用毛笔蘸上果酱，
画出竹子的分枝

13 画出竹叶

14 最后用黑色果酱写上"探春"两字

瓜果意境类

项目七

7-01　缤纷

1 准备好制作"缤纷"盘饰所用的原料

2 准备好制作"缤纷"盘饰所用的工具

3 将蓝色果酱挤在圆盘的一侧

4 取一个毛刷对准果酱

5 然后从左至右刷出线条

6 将手指胡萝卜用削皮刀削去外皮

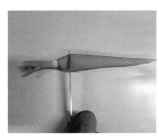

7 用菜刀切去手指胡萝卜头部

8 分别摆在果酱线条上

9 取一根小黄瓜，用削皮刀削出一个薄片

10　从一头卷成圆筒状

11　接着将黄瓜卷摆在盘中

12　将金橘一分为二

13　取半个金橘摆在盘中

14　取小番茄切去一头

15　接着摆在盘中

16　取一半樱桃萝卜切成0.2厘米厚的片

17　然后依次推开成长条状

18　接着将樱桃萝卜摆在盘中

19 将青豆摆在盘中

20 点缀上三色堇

21 再点缀上糯米纸蝴蝶

22 作品制作完成

7-02　绚丽

1　准备好制作"绚丽"盘饰所用的原料

2　准备好制作"绚丽"盘饰所用的工具

3　将果酱挤在圆盘的一侧

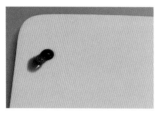

4　依次把不同颜色的3种果酱挤在盘子上

5　取一个毛刷对准果酱

6　从左下方向右上方刷出线条

7　用菜刀切去小青檬头部

8　分别切掉小青檬的6个面

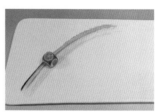

9　把小青檬放在果酱线条上

10　取一半樱桃萝卜，切成0.2厘米厚的薄片

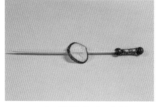

11　把樱桃萝卜片插入牙签中

12　把黄瓜卷也插入牙签中

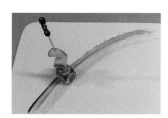
13 把牙签插在小青檬上

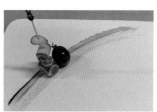
14 取小番茄切去一头，摆在一侧

15 取一根小黄瓜，用打皮刀削出薄片

16 黄瓜薄片卷起来摆在果酱线条上

17 摆上甜豆装饰

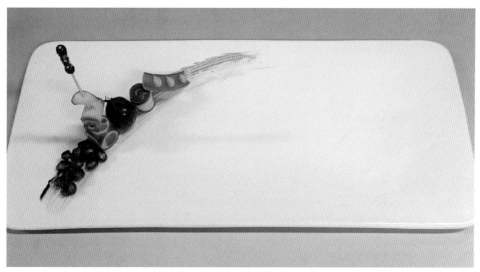
18 最后摆上石榴籽装饰，"绚丽"盘饰制作完成

7-03　探香

1 准备好制作"探香"盘饰所用的原料

2 准备好制作"探香"盘饰所用的工具

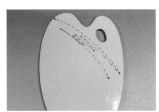

3 用蓝色果酱在盘子边缘画出曲折的线条

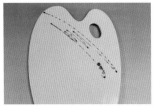

4 用红色果酱在蓝色果酱线条末端点缀上红点

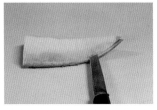

5 取一块哈密瓜，用雕刻主刀片开外皮，深度为三分之二

6 将片开的外皮从中间劈开，一片向内弯曲，另一片向外翻起

7 将片好的哈密瓜放在盘子上

8 再放上用雕刻主刀修出锯齿形状的樱桃萝卜

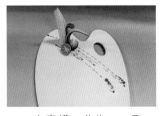

9 小青檬一分为二，取一半装在盘中

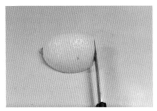

10 取一块柠檬，用雕刻主刀切成0.5厘米厚的片

11 依次切出5片

12 将切好的柠檬片依次排列开，摆在盘中

13 再摆上一个八角

14 在红色果酱处摆上糯米蝴蝶

15 撒上煮熟的青豆

16 "探香"盘饰制作完成

7-04　绽放

1 准备好制作"绽放"盘
饰所用的原料

2 准备好制作"绽放"盘
饰所用的工具

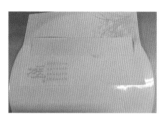

3 取一块白纸中间剪出一
个长方形，放在圆盘上

4 将绿茶粉放在密漏中，
撒在白纸上

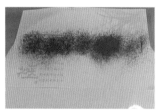

5 主要撒在剪去的长方形
位置上

6 然后将白纸拿开，绿茶
粉留在盘中

7 取一块烫熟的澄面，放
在绿茶粉上

8 将沸水煮过的海螺固定
在澄面上

9 将法香放在海螺里

10 再点缀上一朵兰花

11 旁边放上石榴籽

12 再放上两个黄瓜卷

13 摆放上圣女果和小青檬

14 取一半金橘切成厚片，依次排列开

15 将切好的金橘摆在盘中

16 "绽放"盘饰制作完成

7-05 锦簇

1 准备好制作"锦簇"盘饰所用的原料

2 准备好制作"锦簇"盘饰所用的工具

3 用蓝色果酱在盘中画出曲线

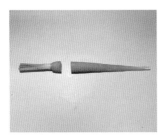

4 取一根手指胡萝卜用刀切开

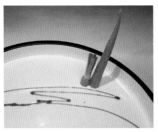

5 将切好的胡萝卜摆在盘边

6 取一根小黄瓜，用打皮刀削出薄片

7 将削好的黄瓜片，卷成圆卷

8 取一个黄瓜卷，用刀斜切开

9 将做好的黄瓜卷摆在盘中

10 取一个松果，洗净放入盘中

11 将小青檬一分为二，取一半摆在盘中

12 将圣女果从中间切开，摆在盘中

13 取一个金橘，切去一半，然后切成3毫米厚的片

14 接着依次排列开

15 将切好的金橘摆在盘中

16 取一个樱桃小萝卜，切出薄片

17 将切好的薄片依次排开

18 然后摆在盘中

19 撒上泡好的青豆

20 最后点缀上食用花，"锦簇"盘饰制作完成

8-01　荷花荷叶

扫码看视频

1 准备好制作"荷花荷叶"盘饰所用的原料

2 准备好制作"荷花荷叶"盘饰所用的工具

3 将艾素糖放入盆内，用电磁炉加热，熬制艾素糖，温度达到175℃时倒出

4 将熬好的艾素糖冷却后，分成两块，其中一块调入绿色食用色素

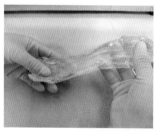

5 将无色的艾素糖反复抻拉

6 直至抻拉成白色

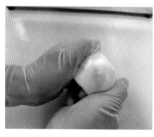

7 然后反复折叠

8 用手掌按压成厚片

9 用两手的大拇指和食指捏住艾素糖两端，向两侧抻拉，抻拉成薄片

10 用右手拇指和食指
抻拉

11 抻拉出荷花的花瓣
大形

12 用剪刀剪下花瓣

13 将花瓣放在掌心，用
大拇指按压出窝状

14 用手指捏出荷花花瓣
的花尖

15 荷花花瓣制作完成

16 取一块绿色艾素糖

17 捏塑成一个葫芦状

18 用手将上面捏平，做
出荷花花芯的大形

19 用雕刻主刀按压出花
芯的纹路

20 用圆头塑形刀按出
圆点

21 用火机将花芯四周烧
热，粘接上花蕊

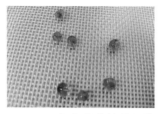

22 用绿色艾素糖做出莲子形状

23 粘接在花芯的圆点内

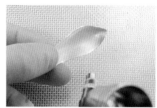

24 用喷枪将荷花花瓣内侧喷上黄色

25 再将荷花花瓣外侧喷上黄色

26 用火机将荷花花瓣底部烧热

27 粘接在花芯上

28 粘上第一层花瓣

29 再粘上第二层花瓣

30 最后粘上第三层花瓣

31 取绿色艾素糖，抻拉成长条状

32 接着用剪刀剪下

33 用白色艾素糖制作出花骨朵

34 取一块绿色艾素糖

35 放在荷叶模具中

36 用手掌按压

37 按压出荷叶形状

38 再用手指将荷叶边缘
捏出弧度

39 取一个圆盘，用火机
烧热荷花底部

40 将制作好的荷花粘接
在圆盘上

41 用火机将花茎底部
烧热

42 粘接在圆盘上

43 再将花骨朵底部烧热

44 粘接在花茎上端

45 将荷叶底部烧热

46 粘接在圆盘上

47 粘接上其他荷叶

48 "荷花荷叶"盘饰制作完成

8-02　蝴蝶兰

1 准备好制作"蝴蝶兰"盘饰所用的原料

2 准备好制作"蝴蝶兰"盘饰所用的工具

3 将艾素糖放入盆内，用电磁炉加热，熬制艾素糖，温度达到175℃时倒出

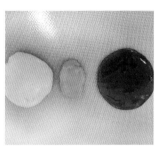

4 将熬好的艾素糖冷却后，分成3块，其中两块调入黄色和绿色食用色素

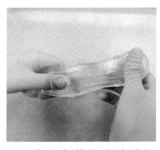

5 将无色的艾素糖反复抻拉

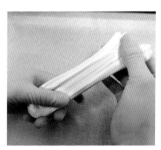

6 直至抻拉成白色

7 用手掌按压成厚片

8 用两手的大拇指和食指捏住艾素糖两端，向两侧抻拉，抻拉成薄片

9 用右手拇指和食指抻拉出蝴蝶兰的花瓣大形

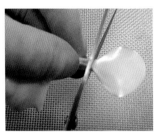

10 用剪刀剪下花瓣

11 接着将花瓣放在手心里，用大拇指按压出窝状

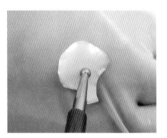

12 再用圆头塑形刀在中心点按压一下，花瓣制作完成

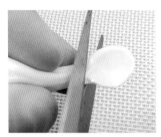

13 再制作出最里层花瓣

14 取一块黄色艾素糖，抻拉成薄片

15 用剪刀剪成丝状

16 再用剪刀从根部剪断，做出花蕊

17 制作出一朵蝴蝶兰的花瓣和花蕊

18 用火机将花瓣根部烧热

19 接着将两个花瓣对接在一起

20 按照同样方法将其他花瓣粘接起来，第一层 3 个花瓣，第二层两个花瓣

21 粘接上最里层花瓣

22 将花蕊粘接在最里层花瓣内

23 用喷枪喷上粉色食用色素

24 另取一块白色艾素糖，做成花骨朵形状

25 再将花骨朵顶端喷上粉色食用色素

26 取一块绿色艾素糖

27 反复抻拉折叠

28 抻拉成长条状

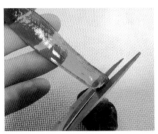

29 用剪刀剪下，作为蝴蝶兰的叶子

30 接着用雕刻主刀在叶子上划出纹路

31 用手将叶子弯曲

32 按照同样方法，制作出其他叶子

33 取一个小碗，放入一块绿色艾素糖作为底座，再粘接上蝴蝶兰的花茎

34 粘接出另一根花茎

35 再将叶子粘接在花茎四周

36 将蝴蝶兰花粘接在花茎上

37　最后粘接上花骨朵

38　"蝴蝶兰"盘饰制作完成

8-03 马蹄莲

1 准备好制作"马蹄莲"盘饰所用的原料

2 准备好制作"马蹄莲"盘饰所用的工具

3 将艾素糖放入盆内，用电磁炉加热，熬制艾素糖，温度达到175℃时倒出

4 将熬好的艾素糖冷却后，分成3块，其中两块调入黄色和绿色食用色素

5 将白色艾素糖反复对折

6 用手掌按压成厚片

7 用两手的大拇指和食指捏住艾素糖两端

8 向两侧抻拉，抻拉成薄片

9 用右手拇指和食指捏住前端抻拉

10 抻拉出水滴状的薄片

11 然后将薄片的圆头卷起来

12 再将尖头向后弯曲

13 用圆头塑形刀在花瓣
中心按压

14 马蹄莲花瓣制作完成

15 取一块黄色艾素糖，
抻成条状

16 做成马蹄莲的花蕊

17 将花蕊烧热，粘接在
花瓣内

18 取一块绿色艾素糖

19 抻拉成细条状

20 用剪刀剪断

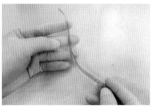

21 用手将其做成S弯，
作为马蹄莲的花茎

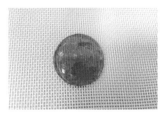

22 再用绿色艾素糖做成
一个圆形底座

23 用火机把花茎底部
烧热

24 粘接在圆形底座上

25 接着做出两个花茎，按照前面的方法粘接在底座上

26 将做好的马蹄莲花，烧热底部后粘接在花茎顶端

27 取绿色艾素糖，抻拉成细条，弯卷起来

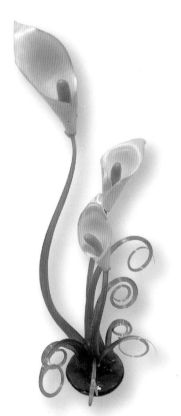

28 用火机烧热后粘接在圆形底座上，作品制作完成

8-04 蘑菇

1 准备好制作"蘑菇"盘饰所用的原料

2 准备好制作"蘑菇"盘饰所用的工具

3 将艾素糖放入盆内，用电磁炉加热，熬制艾素糖，温度达到175℃时倒出

4 将熬好的艾素糖冷却后，分成两块，分别调入绿色和红色食用色素

5 将两块艾素糖混合在一起

6 然后反复抻拉

7 直至两种颜色融合在一起，变为棕色

8 然后做出树根的造型，用圆头塑形刀按压出树根的轮廓

9 再用小号圆头塑形刀，加深树根的轮廓

10 将树根的反面也按压
出轮廓

11 用火机烧去棱角，将
树根做圆润

12 取一块红色的艾素
糖，反复抻拉

13 抻拉均匀后，团成
一团

14 再做成一个圆锥形

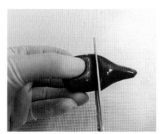

15 用剪刀剪下圆锥形艾
素糖的前端，作为蘑
菇的菌盖

16 用手将蘑菇菌盖的底
部捏薄

17 另取一块艾素糖，反
复抻拉

18 直至艾素糖变为白色

19 然后团成一团

20 再抻拉成长条状

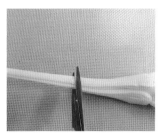

21 用剪刀剪下一段，作为菌柄

22 用火机将菌柄的一端烧热

23 然后粘接在菌盖上

24 再将菌柄底部烧热

25 接着粘接在做好的树根上

26 再制作出两个蘑菇，粘接在树根上

27 取一根白色艾素糖烧化，点滴在菌盖上

28 其他蘑菇的菌盖上，也点滴上白色的艾素糖

29 取艾素糖加入绿色食用色素拌匀，撒在树根上，作为苔藓

30 再做出几个鹅卵石放在树根下面，"蘑菇"盘饰制作完成

8-05 南瓜

1 准备好制作"南瓜"盘饰所用的原料

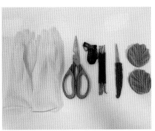

2 准备好制作"南瓜"盘饰所用的工具

3 将艾素糖放入盆内，用电磁炉加热，熬制艾素糖，温度达到175℃时倒出

4 将熬好的艾素糖冷却后，分成两块，分别调入黄色和绿色食用色素

5 取一块黄色的艾素糖

6 用两手将其团成圆球状

7 用圆头塑形刀，在糖球顶端按出一个圆形凹点

8 再用雕刻主刀压出南瓜的条纹

9 用尖头塑形刀加深南瓜上的条纹

10 另取一块绿色的艾素糖，拉成长条状作为南瓜的藤蔓

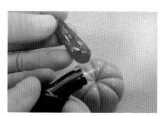

11 用火机将藤蔓一头烧热

12 粘接在南瓜上

13 用火机将接口处烧热

14 再用尖头塑形刀塑出藤蔓根部形状

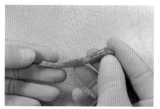

15 另取一条绿色的艾素糖

16 将其拉成细丝缠绕在塑形刀的刀柄上，做出藤蔓

17 将做好的南瓜底部烧热

18 粘接在圆盘上

19 用火机将藤蔓一端烧热

20 粘接上另一根藤蔓

21 取一块绿色的艾素糖，用剪刀剪出叶子形状

22 放到叶子模具中按压

23 按压出叶子的纹路

24 将做好的叶子，用火机烧热粘接在藤蔓上

25 再粘接上卷曲的藤蔓

26 "南瓜"盘饰制作完成

项目九

其他类

9-01　珊瑚网

1 准备好制作"珊瑚网"盘饰所用的原料

2 把花生油加入水中

3 把生粉倒入水油液体中

4 再把面粉倒入其中

5 加入适量红色食用色素

6 调成水油粉液体

7 取圆形模具置于平底锅中

8 加入一勺水油粉液体

9 用小火慢慢加热

10 直至呈网状

11 平底锅离火，取下圆形模具

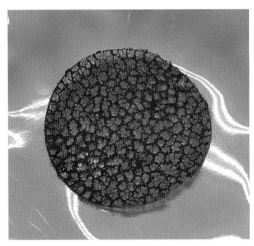

12 "珊瑚网"制作完成

9-02　墨鱼脆片

扫码看视频

1　准备好制作"墨鱼脆片"盘饰所用的原料

2　水盆加入清水，放在电磁炉上加热

3　水开后加入西米

4　用小火进行煮制

5　煮制20分钟，成熟后捞出控净水分

6　将煮熟的西米放入料碗内，加入食盐

7　再加入黑胡椒粉

8　最后加入墨鱼汁调色

9　用小勺搅拌均匀

10　取调拌好的西米放于不粘垫上抹平

11　烤箱设置上下火70℃

12　然后把抹均匀的西米放于烤箱烤制4小时

13 盆内加入色拉油

14 烧至五成热后，下入烤好的西米

15 炸至西米涨发

16 摆入盘中，"墨鱼脆片"制作完成

9-03　碧绿葱油

1 准备好制作"碧绿葱油"盘饰所用的原料

2 把菠菜叶放入破壁机中

3 再把香葱段放入破壁机中

4 最后加入色拉油

5 把香葱、菠菜、色拉油一起用破壁机搅碎

6 把搅好的绿葱油倒入锅中

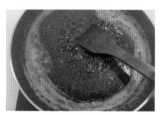

7 用小火慢慢加热，熬出葱香味

8 用密漏网过滤去残渣

9 "碧绿葱油"制作完成

10 装盘展示

9-04 红色火焰

1 准备好制作"红色火焰"盘饰所用的原料

2 山楂去掉两头

3 用挖球器挖出山楂核

4 将处理好的山楂放入料碗内，封上保鲜膜蒸制10分钟

5 把蒸好的山楂加入破壁机中

6 加入红菜头汁

7 加入绵白糖

8 加入艾苏糖

9 将破壁机安装好

10 用破壁机将混合后的
山楂搅碎

11 搅碎后倒入料碗内

12 用密漏过滤

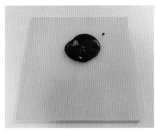

13 将过滤后的山楂泥放
在硅胶模具上

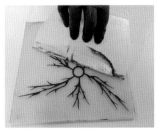

14 用刮板刮出火焰大形

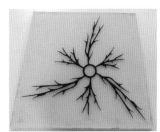

15 红色火焰坯型制作
完成

16 然后放入烤箱

17 70℃低温烘烤20分钟

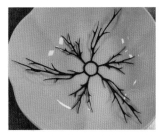

18 红色火焰装盘展示

9-05　镂空叶子

扫码看视频

1 准备好制作"镂空叶子"盘饰所用的原料

2 把蛋清加入面粉中

3 用镊子搅拌均匀

4 再倒入黄油

5 继续用镊子搅拌

6 直至搅拌均匀

7 把调好的面抹入模具中

8 放入烤箱中

9 烤箱调制150℃，烤制7分钟

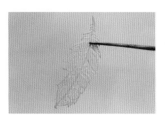

10 烤好后从模具上取下

9-06 鲜橙脆片

1 准备好制作"鲜橙脆片"盘饰所用的原料

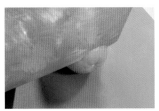

2 鲜橙切去两头

3 然后将鲜橙切0.2厘米厚的薄片

4 锅内加清水

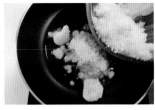

5 再加入绵白糖

6 放入切好的鲜橙片煮3分钟

7 依次把鲜橙片摆放在不粘垫上

8 放入烤箱中

9 烤箱设置70℃，烤制4小时

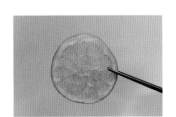

10 "鲜橙脆片"展示

9-07　锦花绣草

扫码看视频

1　准备好制作"锦花绣草"盘饰所用的原料

2　把面粉倒入盛器内

3　加入生粉

4　加入白糖

5　把蛋清倒入融化的黄油内

6　加入透明果膏

7　搅拌均匀

8　倒入粉料中

9　搅拌均匀，揉成面团

10　用刮面板刮到模具中

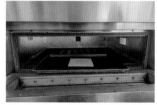

11　放入烤箱中

12　上下火调到170℃烤10分钟

13 将烤好的成品取出

14 成品应用

9-08　黄油薄脆

1　准备好制作"黄油薄脆"盘饰所用的原料

2　取面粉倒入碗中

3　加入绵白糖

4　用手将其抓匀

5　将色拉油倒入黄油中调稀薄

6　将调好的黄油倒入面粉中

7　用手抓匀

8　将杏仁片倒入调好的面糊中

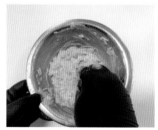

9　再用手抓匀

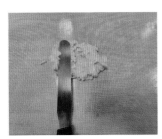

10 将抓匀的面糊铺在不粘垫上抹平

11 铺上一层保鲜膜，用擀面杖擀平

12 取下保鲜膜，再撒上一层杏仁片

13 放入烤箱中调至160℃，烤制10分钟

14 烤熟后取出，按照要求切制成型